Uma Breve História da Física Quântica

Luís Orlando Emerich dos Santos

17 de janeiro de 2024

Dados Internacionais de Catalogação na Publicação (CIP)
(Câmara Brasileira do Livro, SP, Brasil)

Santos, Luís Orlando Emerich dos
  Uma breve história da física quântica / Luís
Orlando Emerich dos Santos. -- 1. ed. --
Florianópolis, SC : Ed. do Autor, 2020.

  Bibliografia

  1. Física 2. Física - História 3. Física quântica
4. História da ciência 5. Teoria quântica - História
I. Título.

20-37101   CDD-539.09

Índices para catálogo sistemático:

1. Física quântica : História   539.09

Maria Alice Ferreira - Bibliotecária - CRB-8/7964

Sumário

Prefácio

Nos anos finais do século dezenove, muitos físicos de renome acreditavam que não havia nada de fundamentalmente novo a ser descoberto, nada a ser alterado na concepção física do universo. Claro, havia ainda alguns problemas específicos a serem compreendidos e lacunas a serem preenchidas, mas isso poderia ser feito com a aplicação das teorias já desenvolvidas: a mecânica clássica, a termodinâmica e a teoria eletromagnética. A virada do século e os anos que se seguiram viriam a mostrar o quanto isso estava longe da verdade. A Teoria da Relatividade e a Mecânica Quântica alterariam profundamente os fundamentos da física. Neste pequeno livro, apresento os principais momentos e personagens dessa revolução científica que foi o desenvolvimento da Mecânica Quântica. Alguns pontos importantes foram deixados de fora, isso é inevitável tendo em vista a concisão pretendida. Creio, entretanto, que com o que ficou é possível compreender a trama e reconhecer os principais personagens. Dividi o livro em duas partes: na Parte I, temos o desenvolvimento da teoria, de seu início com Max Planck ao desenvolvimento da mecânica quântica relativística com Paul Dirac; na Parte II, apresento as principais interpretações da teoria. Esta é uma obra escrita para o leitor leigo, que está está acostumado a ouvir a palavra quântica e não tem uma noção precisa de seu significado. Evitei o uso de equações e assuntos mais técnicos. As discussões apresentadas na Parte II, entretanto, podem ser de interesse a quem já tem conhecimento na área. Deixo meus agradecimentos ao Prof. Juan Pablo de Lima Salazar pela leitura do manuscrito e pelas sugestões.

Linha do Tempo

Figura 1: Linha do tempo, de Planck a Dirac.

Parte I

História

Capítulo 1

Max Planck e a radiação de corpo negro

Figura 1.1: Max Planck

A história da mecânica quântica começa com Max Planck, nascido em 1858, em Kiel no norte da Alemanha[1], filho de

---

[1]A Alemanha como conhecemos ainda não existia. O que havia eram pequenos estados que juntos formavam a Confederação Germânica. A unificação destes estados em uma única nação ocorreu somente

um professor de direito. A família tinha uma tradição acadêmica, seu avô e seu bisavô haviam sido professores de teologia. Após estudar em Munique e Berlim, ele conseguiu a habilitação para ser professor no ano 1880, apresentando uma tese sobre termodinâmica. Iniciou a carreira acadêmica na Universidade Munique. Em 1885 ele retornou à sua cidade natal, sendo nomeado professor associado de Física Teórica pela Universidade de Kiel. Por fim, em 1889, ele assumiu uma posição de professor na Universidade de Berlim, onde permaneceria até o fim de sua carreira.

Os anos que nos interessam são os anos finais do século XIX, em especial o ano de 1899. Planck era professor titular, estava casado, tinha dois filhos e duas filhas. Era um cidadão respeitado, religioso e conservador, e estava prestes a iniciar uma revolução nos fundamentos da física. Para entendermos o que o levou a isso é preciso que antes tenhamos alguns conhecimentos de termodinâmica, ondas e eletromagnetismo. Então, vamos abordar muito brevemente estes assuntos, depois retornaremos ao final do século XIX.

Você alguma vez já se perguntou o que é o calor? O que queremos dizer quando dizemos que um corpo está mais quente ou mais frio? Esta pergunta foi feita por diversos cientistas nos séculos dezessete e dezoito. A principal teoria (errada) era de que o calor seria um fluido, o fluido calórico. Um corpo com mais calórico estaria mais quente e um corpo com menos calórico estaria mais frio. Se um corpo quente fosse colocado em contato com um corpo mais frio, o calórico fluiria do mais quente para o mais frio. Parecia uma boa teoria, mas tinha uma falha. Como explicar o calor que surge pelo atrito? Se atritarmos um corpo com outro,

---

em 1871.

ambos vão aquecer. O fluido calórico estaria surgindo do nada? Não era uma boa explicação. Outra teoria (esta, sim, correta) era de que o calor seria uma forma de energia, a mesma energia que é associada ao movimento. O movimento das partículas que compõe um corpo se manifestaria na forma de calor[2]. Este movimento pode ser o deslocamento, a rotação e a vibração dos átomos e moléculas. Ao atritarmos um corpo com outro, estamos transferindo energia, estamos movimentando as partículas dos sólidos, por isso eles aquecem.

O calor pode ser transferido através da troca de quantidade de movimento[3] entre partículas. Isto pode se dar através de colisões entre as partículas de um gás, ou através da vibração das moléculas de um sólido, que faz com outras moléculas vibrem e assim o calor vai sendo conduzido. O calor pode também ser levado pelo movimento de um fluido num processo denominado de convecção. Outra forma de transferência de calor é a radiação, isto é, através de ondas eletromagnéticas. É essa a forma que nos interessa.

O escocês James Clerk Maxwell nasceu em Edimburgo no ano de 1831. Aos quatorze anos publicou seu primeiro artigo científico, aos dezoito já era um matemático reconhecido e continuou estudando os fenômenos naturais, tonando-se o maior físico do século dezenove. Em 1864, Maxwell unificou todo o conhecimento anterior do eletromagnetismo em um conjunto de equações, que hoje são conhecidas como

---

[2]Para sermos mais precisos devemos dizer que o calor é a transferência de energia, mas tal precisão não é necessária para as discussões que seguem.

[3]A quantidade de movimento é definida como o produto da massa pela velocidade.

15

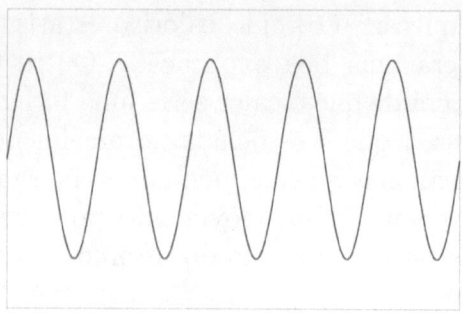

Figura 1.2: Onda simples (senoidal).

Equações de Maxwell. A partir de suas equações ele previu que campos elétricos e magnéticos poderiam se propagar através do espaço como ondas eletromagnéticas que viajariam na velocidade da luz. A própria luz, segundo Maxwell, seria uma onda eletromagnética. Ele estava certo, a luz é uma onda eletromagnética, isso viria a ser demonstrado experimentalmente alguns anos depois.

Quando falamos de ondas, estamos falando de um movimento oscilatório que se propaga no espaço. No caso de ondas sonoras, são oscilações de pressão que se propagam, no caso de ondas eletromagnéticas são campos elétricos e magnéticos que oscilam e se propagam. Uma onda é caracterizada por sua velocidade de propagação, amplitude, frequência e comprimento de onda (veja a figura 1.2). Sobre a velocidade de propagação não há muito o que dizer, é velocidade com que a onda se propaga e depende apenas do meio no qual a onda se propaga. A amplitude se refere à diferença entre os valores máximo e mínimo que ocorrem nas oscilações, no caso de uma onda sonora, é o quanto a pressão varia, no caso de ondas eletromagnéticas, é o quanto a intensidade dos campos variam. O comprimento de onda é o espaço que ela percorre até se repetir. A frequência é número de oscilações por unidade de tempo, ou o quão rápido estas oscilações ocorrem. Estas grandezas não são independentes, se uma onda tem uma frequência maior é porque ela tem um comprimento de onda menor e vice-versa. As ondas normalmente são bastante complexas, formadas pela soma de ondas de diversas frequências e amplitudes (Figura 1.3). Mas, estas ondas complexas podem ser decompostas em ondas simples, cada uma delas com uma única frequência e amplitude. Quando representamos a decomposição de uma onda em suas diversas frequências temos o espectro da onda. Na Figura 1.3 na parte superior, uma onda sonora formada pela soma de ondas de cinco frequências distintas, na parte inferior, temos o espectro da onda, o quanto de cada frequência é necessário para formar a onda da parte superior. O espectro não precisa ser discreto, como na figura, também pode ser contínuo.

Ondas eletromagnéticas podem ser produzidas – entre outras formas – pelo movimento acelerado de cargas elétricas, por exemplo, quando moléculas vibram. E aqui voltamos a falar sobre o calor. Quando aquecemos um corpo os átomos e moléculas que compõe este corpo vibram. Ou seja, o que temos são cargas elétricas em movimento acelerado e, portanto, todo corpo que tenha algum calor – uma temperatura acima do zero absoluto – emite ondas eletromagnéticas. Um corpo também pode absorver ondas eletromagnéticas, neste caso o fenômeno se inverte e ele aquece. Nas situações normais do dia a dia, os corpos emitem, absorvem e refletem radiação.

Muito bem, podemos voltar ao final do século XIX. Um

17

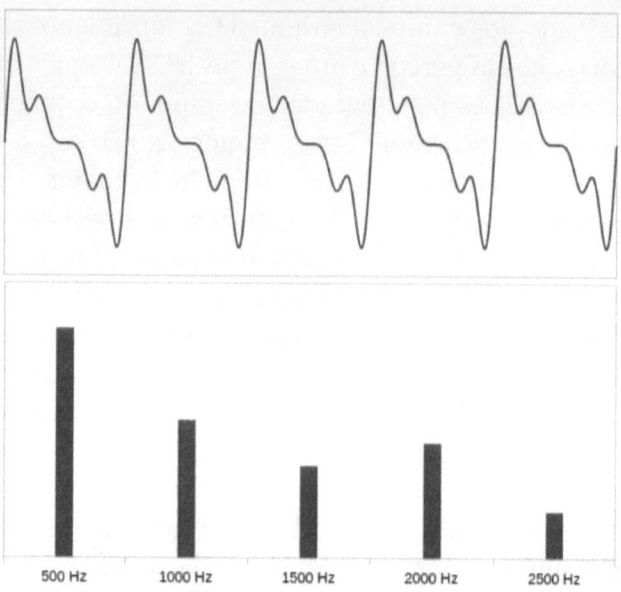

Figura 1.3: Na parte uma superior temos uma onda composta pela soma de ondas simples. Na parte inferior temos o espectro da onda, isto é, as frequências que compõe a onda.

problema que os físicos tentavam compreender era a relação entre a temperatura de um corpo e o espectro da radiação que ele emite. Outra forma de compreender o problema é pensar em como a energia se distribui entre as diversas frequências. Para simplificar o problema eles criaram uma idealização, um corpo negro, ou seja, um objeto que não reflete nenhuma radiação, somente absorve e emite. Neste caso, o espectro da radiação emitida vai depender somente da temperatura do corpo. Mas, todas as tentativas teóricas de obter o espectro haviam falhado. Os resultados teóricos – quando não eram, simplesmente, absurdos – não corres-

18

pondiam aos resultados experimentais. Foi quando Planck se pôs a estudar o problema.

Planck imaginou o corpo negro como sendo composto por um conjunto de osciladores[4]. Bastaria aplicar as equações do eletromagnetismo e deduzir como seriam as ondas geradas pelos osciladores – que seriam cargas elétricas oscilando. A partir daí seria possível obter o espectro da radiação do corpo negro para uma dada temperatura. Parecia um caminho seguro, mas não levou à solução. Ele voltou-se, então, para as soluções propostas por outros físicos teóricos. Havia a Lei de Wien, que dava bons resultados para a região de altas frequências, mas falhava nas baixas frequências e havia a Lei de Rayleigh–Jeans que tinha o comportamento oposto. Partindo das duas soluções, ele conseguiu elaborar uma expressão matemática compatível com os resultados dos experimentos. Foi um sucesso parcial, pois, embora a expressão obtida reproduzisse os dados experimentais, não havia nenhuma base física que justificasse a expressão. Mas, agora ele sabia onde chegar, faltava somente encontrar o caminho. Ele retornou ao modelo dos osciladores, testando hipóteses de como um conjunto de osciladores, emitindo e absorvendo radiação, poderia levar à expressão matemática que ele havia deduzido. Foi, segundo suas palavras, *o trabalho mais extenuante de minha vida.*

Por fim, Planck conseguiu encontrar uma hipótese que levava ao resultado esperado. A energia dos osciladores deveria ser proporcional somente à frequência de oscilação[5] e

---

[4]Nós podemos pensar nos osciladores como sendo as moléculas que compõe o corpo.

[5]Isso em si já contrariava a física da época, pois na física clássica a energia de um oscilador é proporcional ao quadrado da amplitude da

esta proporcionalidade – este é o ponto fundamental – se daria através de um número inteiro. Ou seja, para uma dada frequência de oscilação, a energia só poderia ser absorvida ou emitida em "pacotes", múltiplos de uma quantidade fundamental que ele chamou de *quantum*. Era uma hipótese revolucionária e contraintuitiva. Até então, em todos os sistemas físicos conhecidos a energia poderia assumir qualquer valor, variando de forma contínua. E agora, para explicar o espectro da radiação de corpo negro, era preciso supor que a energia era quantizada. Os resultados obtidos por Planck foram publicados em dezembro de 1900 e foram, por um tempo, ignorados.

Os físicos da época – incluindo o próprio Planck – não consideraram as consequências da hipótese dos quanta, nem a consideraram como fundamental. Embora a solução encontrada estivesse em acordo com os resultados experimentais, a hipótese dos quanta seria apenas um arranjo temporário e, no futuro, seria substituída por algo mais sólido.

Era preciso audácia para considerar a quantização da energia como fundamental, e era preciso genialidade para compreender suas consequências e ampliar seu escopo. Era preciso Albert Einstein.

---

oscilação.

Capítulo 2

Einstein e o efeito fotoelétrico

Figura 2.1: Albert Einstein

Albert Einstein nasceu na cidade de Ulm, no sul da Alemanha, no ano de 1879. A família mudou-se para Munique no ano seguinte e foi lá que Einstein iniciou seus estudos. Aos dezesseis anos, mudou-se para a cidade de Aarau, na Suíça, onde terminou o ensino secundário em 1896. Na sequência, iniciou seus estudos de matemática e física na Escola Politécnica de Zurique. Enquanto Planck elaborava suas ideias sobre a radiação de corpo negro, Einstein finalizava sua graduação. Apesar de ter um bom desempenho acadêmico, não conseguiu uma desejada posição de professor. Atuou como professor substituto em escolas secundárias e deu aulas particulares durante dois anos, até que, com ajuda de um amigo, conseguiu um emprego no Escritório de Patentes, em Berna, também na Suíça.

Era um emprego tranquilo e, nas horas vagas, ele podia dedicar-se aos problemas de física que lhe interessavam. Casou-se com uma colega da Escola Politécnica – Mileva Marić – e fez amizades que durariam por toda a vida. A um desses amigos ele escreveu em 1905:

> ... Prometo-lhe quatro artigos [...] O primeiro trata da radiação e das propriedades energéticas da luz, e é muito revolucionário [...] O segundo artigo é uma determinação do verdadeiro tamanho dos átomos [...] O terceiro prova que corpos de uma ordem de magnitude de 1/1000 mm, suspensos em líquidos, devem realizar movimentos aleatórios observáveis, produzidos pelo movimento térmico. Tal movimento de corpos em suspensão na verdade já foi observado por fisiologistas, que o chamam de movimento molecular browniano. O quarto artigo não passa de um esboço a esta altura, e é uma eletrodinâmica dos corpos em movimento que emprega uma modificação da teoria do espaço e do tempo. [1]

---

[1] Einstein – Sua Vida, Seu Universo. Walter Isaacson – Tradução

Qualquer um dos quatro artigos seria suficiente para dar notoriedade a um físico, mas Einstein não se deu por satisfeito e, além dos artigos prometidos, publicou ainda, no mesmo ano, um quinto artigo no qual apresentou suas ideias sobre a equivalência entre massa e energia, a famosa equação $E = mc^2$. Considerando que nosso interesse é a história da mecânica quântica, vamos nos concentrar no primeiro dos artigos prometidos, o revolucionário artigo sobre as propriedades energéticas da luz. Antes, entretanto, é preciso conhecer um pouco sobre o efeito fotoelétrico.

Nas décadas finais do século XIX, os cientistas que vinham estudando e fazendo experimentos com eletromagnetismo perceberam que superfícies metálicas poderiam ejetar elétrons quando iluminadas. O fenômeno era observado colocando-se duas placas metálicas em um ambiente de vácuo e submetendo as placas a uma diferença de potencial elétrico. Quando a placa com potencial positivo era iluminada o resultado era uma corrente elétrica entre as placas – o efeito fotoelétrico.

Variando a frequência e a intensidade da luz, foram observadas duas características intrigantes do efeito fotoelétrico:

I – A energia dos elétrons ejetados era proporcional à frequência da luz incidente sobre o metal. Quanto maior a frequência da luz maior a energia dos elétrons. Por outro lado, para frequências muito baixas (por exemplo, luz infravermelha) os elétrons não eram ejetados do metal, não havia corrente elétrica, mesmo quando se aumentava a intensidade da luz.

de Celso Nogueira, Denise Pessoa, Fernanda Ravagnani e Isa Mara Lando. Companhia das Letras.

II – Mantendo a frequência da luz constante (desde que não muito baixa) e aumentando a intensidade, foi observado que aumentava o número de elétrons ejetados, ou seja, aumentava a corrente elétrica.

Estes resultados eram difíceis de serem explicados pela teoria clássica. A luz, como comentamos no capítulo I, é uma onda eletromagnética e a energia de uma onda é independente de sua frequência. No entanto, o que os experimentos mostravam era o oposto, a energia que os elétrons adquiriam quando ejetados era proporcional à frequência e independente da intensidade da luz.

Einstein decifrou o enigma aplicando a hipótese dos quanta de energia de Planck aos fenômenos envolvendo ondas eletromagnéticas. Sua hipótese era de que a luz seria composta por pequenas partículas – quanta de luz, ou fótons, como ficaram conhecidos. Se imaginarmos a luz como sendo composta por fótons e a energia dos fótons como sendo proporcional à frequência da luz, então, o que havia de misterioso no efeito fotoelétrico pode ser facilmente explicado. Os elétrons são ejetados do metal quando são atingidos por fótons e a energia com que os elétrons são ejetados depende da energia do fóton que o atinge. Assim, quanto maior a frequência da luz, maior a energia dos fótons e, portanto, maior a energia que os elétrons adquirem. Por outro lado, quando a frequência é baixa, a energia dos fótons não é suficiente para ejetar os elétrons, por mais que eles os atinjam. Aumentar a intensidade da luz significaria aumentar o número de fótons, não sua energia, portanto aumentaria somente o número de elétrons ejetados – a corrente elétrica medida.

Com isso, explicavam-se as peculiaridades do efeito fotoelétrico. Mas surgia outro problema. Diversos experimentos demonstravam que a luz se comportava como uma onda. Como conciliar essas duas visões distintas? Para Einstein, o comportamento ondulatório da luz era um efeito do comportamento médio de um número muito grande de fótons. Em seu artigo de 1905, ele escreveu:

> A teoria ondulatória da luz, que opera com funções espaciais contínuas, provou ser excelente na descrição de fenômenos exclusivamente óticos e provavelmente nunca será substituída por outra. No entanto, devemos ter em mente que as observações óticas se referem a médias temporais e não a valores instantâneos...

Como veremos mais adiante a *dualidade onda-partícula* não é exclusividade dos fótons e é algo que está no cerne da mecânica quântica.

Embora explicasse de maneira simples o efeito fotoelétrico, o artigo de Einstein foi recebido com ceticismo. Planck que introduzira a hipótese dos quanta, e se tornara um admirador do trabalho de Einstein, afirmaria em 1913 que, com a hipótese dos quanta de luz, ele havia errado o alvo. Mas, apesar do ceticismo inicial, as evidências experimentais foram se avolumando até que, em 1921, Einstein foi agraciado com o Prêmio Nobel de física por seu trabalho sobre o efeito fotoelétrico.

À medida que os enigmas da radiação de corpo negro e do efeito fotoelétrico iam sendo decifrados, muitos outros surgiam. O estudo da estrutura da matéria, isto é, do átomo, parecia ser uma fonte de enigmas. Este será o assunto do nosso próximo capítulo.

Capítulo 3

Rutherford e o núcleo do átomo

Figura 3.1: Ernest Rutherford

Ernest Rutherford – que viria a ser conhecido como o pai da física nuclear – nasceu no ano de 1871, em uma comunidade rural próxima à cidade de Nelson, na Nova Zelândia. Ele era o quarto dos doze filhos de James e Martha Rutherford, que haviam emigrado da Escócia. Após finalizar o segundo grau com um desempenho excepcional em todas as disciplinas, ele foi agraciado com um bolsa de estudos para estudar na Universidade da Nova Zelândia, na capital, Wellington, onde graduou-se em física e matemática. No ano de 1894, ele obteve uma bolsa de estudos para dar continuidade à sua formação na Universidade de Cambrigde, na Inglaterra. Lá estudou sob a orientação de J. J. Thomson – que, como veremos a seguir, é o descobridor do elétron.

No ano de 1897, ele se mudou para Montreal, no Canadá, aceitando a oferta de um cargo de professor na Universidade McGill. É na Universidade McGill que Rutherford realizaria os trabalhos sobre a desintegração de substâncias radioativas[1] que lhe dariam o Prêmio Nobel de Química de 1908. Naquele ano, porém, ele já estava trabalhando na Universidade de Manchester, tendo retornado à Inglaterra no ano anterior. Foi na Universidade de Manchester que Rutherford realizou os experimentos que lhe permitiram a descoberta do núcleo. Antes de abordamos estes experimentos, vamos ver um pouco sobre o desenvolvimento da história do átomo.

A palavra átomo tem origem na Grécia antiga e significa indivisível. A ideia de que toda matéria seria composta por elementos indivisíveis – os átomos – foi proposta pelo filósofo Leucipo e sistematizada por seu discípulo Demócrito. Com o desenvolvimento da química, o conceito de átomo foi usado para explicar porque os elementos reagem sempre em uma razão de números inteiros. John Dalton – considerado o pioneiro da teoria atômica moderna – propôs em 1803 que os elementos químicos eram compostos por átomos de um único tipo, e compostos químicos, pela combinação de áto-

---

[1]Substâncias radioativas são elementos químicos instáveis, que se desintegram dando origem a outros elementos e emitindo radiação.

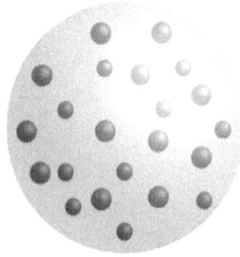

Figura 3.2: Modelo atômico proposto por J. J. Thomson. As esferas pequenas seriam os elétrons.

mos de tipos diversos. Apesar de ser amplamente utilizada pelos químicos, a hipótese atômica demorou a ser aceita pelos físicos, cuja resistência só foi finalmente vencida após os trabalhos de Einstein sobre o movimento Browniano (1905), que permitiram a determinação da massa e da dimensão dos átomos.

Embora houvesse resistência, alguns físicos propuseram teorias e realizaram experimentos considerando a matéria como sendo composta por átomos. E o que os experimentos viriam a mostrar é que os átomos não são indivisíveis, mas, compostos por partículas ainda menores.

No ano de 1897, J. J. Thomson realizava experimentos com raios catódicos. Raios catódicos surgem quando placas metálicas são colocadas em uma ampola de vidro preenchida com gás a baixa pressão e submetidas a alta tensão elétrica[2]. Na época havia controvérsia sobre a composição dos raios catódicos. Seriam partículas ou ondas? Submetendo os raios catódicos a campos elétricos e magnéticos, J.

---

[2]As televisões antigas são tubos de raios catódicos.

J. Thomson conseguiu demonstrar que eles eram compostos por partículas com carga elétrica negativa – ele havia descoberto o elétron. Como era possível gerar raios catódicos usando placas dos mais diversos metais era possível deduzir que os elétrons faziam parte da constituição de toda a matéria. Por outro lado, como a matéria em situações normais não tem carga elétrica – os átomos são neutros – era possível deduzir que o restante do átomo seria composto por matéria com carga positiva. Surge daí o modelo proposto por Thomson em 1904, no qual os elétrons estão incrustados em uma esfera de carga positiva (Figura 3.2). Este modelo teria vida curta, seria abandonado devido a resultados experimentais obtidos por Ernest Rutherford.

Em sua estada de nove anos no Canadá, Ernest Rutherford – entre outras realizações – havia descoberto a radiação alpha, beta e gamma[3]. Em 1909, Rutherford e seus assistentes Hans Geiger e Ernest Marsden construíram um experimento em que um feixe de partículas alpha atingia uma finíssima lâmina de ouro (veja a Figura 3.3). Se o modelo proposto por Thomson estivesse correto as partículas seriam levemente desviadas pelos átomos de ouro.

Os primeiros resultados pareciam estar de acordo com o esperado, somente pequenos desvios eram observados, até que Rutherford sugeriu a seus assistentes que verificassem se havia partículas refletidas pela folha de ouro. Era uma hipótese absurda, mas o que os detectores mostraram é que,

---

[3]A radiação alpha é composta partículas de carga positiva, que são, por sua vez compostas por dois prótons e dois neutrons (um núcleo de hélio). A radiação beta é composta por elétrons ou por pósitrons. A radiação gamma é uma onda eletromagnética de alta energia (alta frequência).

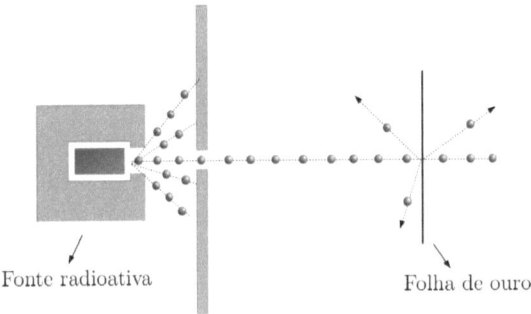

Fonte radioativa   Folha de ouro

Figura 3.3: Experimento de Rutherford. Um feixe de radiação atinge e é espalhado por uma folha de ouro.

sim, havia partículas que eram refletidas pela lâmina de ouro. Nas palavras de Rutherford: *era quase tão incrível quanto disparar um obus de 15 polegadas em uma folha de papel e ele bater e voltar...*

A explicação proposta por Rutherford era a de que a massa do átomo deveria estar concentrada em uma pequena região – o núcleo atômico. Neste caso, uma partícula lançada sobre a lâmina de ouro na maioria das vezes, simplesmente a atravessaria, pois, a probabilidade de atingir um núcleo era pequena. Por outro lado, atingindo um núcleo, a partícula seria defletida pela colisão. Isso explicava os resultados obtidos no experimento. Rutherford propôs, então, o chamado modelo planetário do átomo (Figura 3.4). Neste modelo o átomo é composto por um núcleo denso, com carga elétrica positiva, e por elétrons que orbitam o núcleo.

Embora explicasse adequadamente os resultados do experimento da folha de ouro, o modelo de Rutherford tinha uma falha grave. Como vimos no capítulo I, cargas elétricas em movimento acelerado emitem ondas eletromagnéticas.

31

Os elétrons orbitando o núcleo deveriam, portanto, emitir ondas eletromagnéticas de forma contínua. Porém, ao emitir radiação os elétrons estariam perdendo energia. Como consequência os elétrons tenderiam a diminuir o raio de suas órbitas até atingir o núcleo, e o átomo deixaria de existir. Este enigma persistiria até que um jovem dinamarquês de nome Niels Bohr veio trabalhar com Rutherford, em Manchester.

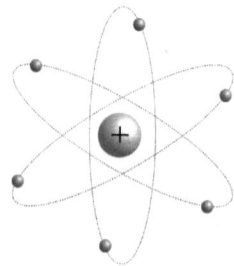

Figura 3.4: Modelo atômico proposto por Rutherford, com o núcleo positivo e os elétrons orbitando como planetas.

Capítulo 4

Bohr e a estrutura átomo

Figura 4.1: Niels Bohr

Niels Henrik David Bohr nasceu em Copenhague, na Dinamarca, no ano de 1885. Era o segundo filho de Christian

Figura 4.2: Parte visível do espectro do átomo de hidrogênio.

Bohr, professor de fisiologia e Ellen Adler Bohr, que vinha de uma proeminente família de banqueiros judeus. Ele estudou física na Universidade de Copenhague e, ainda quando estudante, foi agraciado com uma medalha de ouro da Royal Danish Academy of Sciences and Letters por um trabalho sobre a tensão superficial dos líquidos. Seguindo a carreira acadêmica, ele obteve o título de mestre 1909 e o título de doutor em 1911. Após uma passagem pela Inglaterra, ele publicaria, em 1913, três artigos fundamentais sobre a estrutura atômica. Retornaremos aos três artigos mais adiante, antes é preciso conhecer um pouco sobre espectros atômicos.

Espectroscopia é o estudo da interação – emissão e absorção – entre radiação eletromagnética e matéria. Como mencionamos no Capítulo 1, quando aquecemos um material seus átomos e moléculas vibram, emitindo radiação eletromagnética. Podemos determinar o espectro[1] desta radiação fazendo com que ela passe através de prismas. Se a substância aquecida for um elemento simples como o hidrogênio, o espectro não será contínuo como um arco-íris, mas um conjunto de linhas espectrais (Figura 4.2).

Os modelos atômicos propostos por J. J. Thomson e por Rutherford não tinham como explicar as linhas espectrais.

---

[1]Relembrando, espectro é o conjunto de frequências que compõe a radiação.

No caso do primeiro modelo, porque os elétrons não estavam em movimento. No caso do segundo, porque a energia seria emitida em um espectro contínuo.

Em 1911, após concluir seu doutorado, Bohr conseguiu uma bolsa da Fundação Carlsberg e partiu para Inglaterra para estudar com J. J. Thomson em Cambridge. Foi um período improdutivo, Bohr tinha dificuldades com o idioma e não se relacionou bem com Thomson, que, segundo ele, era uma pessoa difícil de se conversar e incapaz de aceitar críticas. Tendo conhecido Rutherford em uma viagem a Manchester em novembro, Bohr solicitou e conseguiu uma transferência para trabalhar com sua equipe. Seu objetivo era aprender sobre radioatividade.

De início, Bohr tentou trabalhar com experimentos envolvendo a emissão e absorção de partículas alpha, mas, logo percebeu que o trabalho experimental não era sua vocação. Retornando à teoria, pôs-se a pensar nos problemas do modelo atômico de Rutherford. Sua intenção era aplicar os conceitos de quantização de Einstein e Planck para explicar a estabilidade dos átomos. Suas investigações prosseguiram durante o ano de 1912 até 1913, quando, tendo retornado a Copenhague, ele publicou seus resultados.

Como vimos, a teoria eletromagnética previa que os elétrons em órbitas circulares emitiriam radiação, com isso perderiam energia, colapsando no núcleo. O átomo seria instável. Mas, o átomo de hidrogênio é estável. Portanto, Bohr concluiu, a teoria eletromagnética – em especial a emissão de ondas eletromagnéticas – não poderia ser aplicada ao átomo, da mesma forma que não poderia ser aplicada para explicar o efeito fotoelétrico ou o espectro da radiação de corpo negro. Bohr postulou que existiria um conjunto de órbitas estáveis – estados estacionários – nas quais os elétrons estariam confinados. Nestes estados estacionários, os elétrons não emitiriam radiação. Com isso Bohr estava dizendo que as órbitas – e, portanto, a energia associada a estas órbitas – era quantizada. A cada órbita estaria associado um nível de energia. O menor nível de energia foi denominado estado fundamental, é quando o elétron está mais próximo do núcleo. Baseando-se no trabalho de Einstein, Bohr propôs que os elétrons poderiam emitir e absorver radiação na forma de fótons. Um elétron poderia absorver um fóton e saltar para uma órbita mais externa. Da mesma forma, um elétron que não estivesse no estado fundamental poderia saltar para uma órbita mais interna, emitindo um fóton. A energia do fóton seria igual à diferença entre os níveis de energia das órbitas. Como energia do fóton é proporcional à sua frequência e a energia varia de forma descontínua, o mesmo ocorre com a frequência. Em outras palavras, em vez de um espectro contínuo teríamos linhas espectrais.

Com seus postulados e fazendo um paralelo entre as grandezas quânticas e clássicas[2], Bohr foi capaz de prever quais seriam os níveis de energia do átomo de hidrogênio – como seriam distribuídas as linhas espectrais. Foi possível também calcular qual seria a energia necessária para tirar um elétron do átomo de hidrogênio[3]. Ambos resultados foram corroborados por experimentos. Sua teoria da estrutura do átomo foi aclamada e impulsionou o estudo da física quântica. Em 1922, Bohr seria agraciado com o

---

[2]Bohr desenvolveu o Princípio da Correspondência, segundo o qual as grandezas quânticas devem tender às grandezas clássicas.

[3]A mínima energia para tirar um elétron de um átomo é chamada de energia de ionização.

Prêmio Nobel de Física *"por seus serviços na investigação da estrutura do átomo e da radiação por eles emanada"* e tornou-se o mentor de uma geração de físicos teóricos que viajavam até Copenhague em busca de inspiração.

A teoria de Bohr seria ampliada por Arnold Sommerfeld – um consagrado físico teórico alemão – e ficou sendo conhecida como as regras de quantização de Bohr-Sommerfeld. Mas, apesar do sucesso obtido na explicação da estrutura do átomo de hidrogênio, todas as tentativas de estender a teoria para outros átomos se mostraram infrutíferas. Era preciso uma teoria mais abrangente e mais fundamental.

Capítulo 5

Louis de Broglie e a mecânica ondulatória

Figura 5.1: Louis de Broglie

Louis-Victor Pierre Raymond de Broglie nasceu em 1892, em Dieppe na França, filho mais novo de uma abastada família aristocrática. Seu pai, Victor, era o Duque de Broglie. Seu irmão Maurice[1], dezoito anos mais velho, já era um

---

[1]Maurice de Broglie foi um físico renomado, que trabalhou com

cientista quando Louis de Broglie começou a se interessar por ciência, após graduar-se em letras em 1910, aos dezoito anos. Ele passou a frequentar o laboratório do irmão e a estudar os trabalhos de Henri Poicaré, Hendrik Lorentz, Paul Langevin, Ludwig Boltzmann, Josiah Gibbs, Albert Einstein e Max Planck, graduando-se em ciências no ano de 1913. Ainda no mesmo ano ele entra para o exército francês e começa a trabalhar com radiotelegrafia. Ele permaneceria no exército durante toda Primeira Guerra Mundial, aproveitando para estudar eletrônica e aprofundar seus conhecimentos sobre ondas eletromagnéticas.

Com o fim da guerra, de Broglie retoma seus estudos de física, realizando experimentos com seu irmão em pesquisas sobre raios X e sobre o efeito fotoelétrico. Voltando-se à física teórica, ele publica, entre os anos 1922 e 1923, cinco artigos onde desenvolve os princípios da mecânica ondulatória. Estes artigos seriam a base de sua tese de doutoramento, defendida em 1924.

Comentamos no capítulo II sobre a dualidade onda partícula, o estranho fato da luz apresentar tanto um comportamento ondulatório quanto corpuscular. Louis de Broglie postulou que não somente os fótons, mas todas as formas de matéria deveriam ter propriedades corpusculares e ondulatórias, associando, assim, ondas a partículas. Em suas palavras: *...em minhas conversas com meu irmão nós sempre chegávamos à conclusão que no caso de raios X sempre se tem partículas e ondas, então, subitamente... eu tive a ideia de que se deveria estender esta dualidade para partículas materiais, especialmente para elétrons.*[2]

---

raios X e chegou a ser indicado ao Prêmio Nobel.

[2]Entrevista de Louis de Broglie a T.S. Kuhn, A. George e T. Kahan

Seu ponto de partida foram os trabalhos de Einstein sobre o efeito fotoelétrico e a equivalência entre massa e energia. Einstein havia relacionado a energia do fóton à frequência da luz, e havia demonstrado a equivalência entre massa e energia através da famosa equação $E = mc^2$. Juntando as duas ideias é possível associar uma frequência a uma partícula em repouso: sua massa implica em uma determinada energia, que por sua vez implica em uma determinada frequência. Para a descrição ficar completa faltava determinar um comprimento de onda. Mais uma vez ele recorreu aos trabalhos de Einstein, utilizando a Teoria da Relatividade Restrita, ele conseguiu relacionar a massa da partícula a um comprimento de onda[3].

Após associar uma onda ao elétron, Louis de Broglie pode deduzir as órbitas previstas por Bohr impondo a condição de que a trajetória do elétron em torno do núcleo deveria conter um número inteiro de comprimentos de onda, caso em que as ondas são estacionárias (ver Figura 5.2).Com isso tinha-se uma explicação do porquê os elétrons só poderem assumir determinadas órbitas – fato que, antes, parecia algo totalmente arbitrário. Na conclusão de sua tese de doutorado, de Broglie escreveria: *...cremos que essa é a primeira explicação fisicamente plausível proposta para as condições de estabilidade de Bohr-Sommerfeld*[4].

Uma consequência direta da teoria proposta por de Bro-

---

[3]Para quem quiser verificar essa dedução, nós sugerimos a leitura de Modern Physics, de Raymond Serway, Clement J. Moses e Curt A. Moyer.

[4]Louis de Broglie. Recherches sur la théorie des Quanta. Physique [physics]. Migration - université en cours d'affectation, 1924. Français. tel-00006807

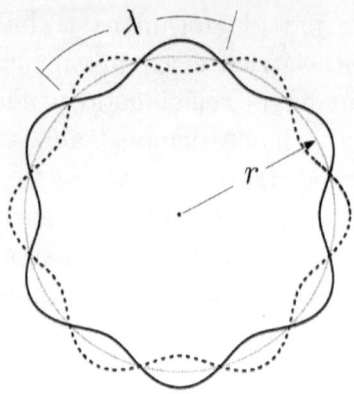

Figura 5.2: Os raios das órbitas dos estados estacionários de Bohr correspondem a um número inteiro de comprimentos de onda (λ). Na figura há seis comprimentos de onda.

glie é a existência de ondas de matéria, algo que foi comprovado experimentalmente em 1927 por C. J. Davisson and L. H. Germer, nos Estados Unidos, e por George P. Thomson na Escócia. Logo em seguida, em 1929, Louis de Broglie foi agraciado com o Prêmio Nobel de Física *por sua descoberta da natureza ondulatória dos elétrons.*

Alguns pontos, entretanto, ainda estavam obscuros. Faltava uma interpretação adequada do que eram as ondas de matéria e faltava uma equação que descrevesse o comportamento destas ondas. A dedução da equação de onda ficaria a cargo de um brilhante físico teórico austríaco que oscilava entre a física e a filosofia, Erwin Schrödinger. Mas antes viria a contribuição de um jovem físico alemão. É o que veremos no próximo capítulo.

Capítulo 6

Werner Heisenberg e a mecânica matricial

Figura 6.1: Werner Heisenberg

Werner Karl Heisenberg nasceu em Würzburg, no sul da Alemanha, no ano de 1901. Era o mais novo dos dois filhos de August Heisenberg e Annie Wecklein. August era, na época, professor de Língua e Literatura Grega em escolas de secundárias. Em 1910, a família muda-se para Munique, onde August passa a ocupar o cargo de professor de filologia grega na Universidade de Munique. No ano seguinte Werner entra para o Maximilians-Gymnasium – escola secundária que era dirigida por seu avô materno –, impressionando seus professores por seu domínio precoce da matemática. Também estuda música, chegando a cogitar seguir a carreira de pianista. A rotina das aulas é perturbada pelo início da Primeira Guerra Mundial, em 1914. Com mais tempo livre, ele estuda, por conta própria, cálculo diferencial e integral. Com o fim da guerra, em 1918, a Alemanha entra em uma época de turbulência política. Em Munique, os comunistas tomam o poder e tentam impor uma república ao estilo soviético. Werner se alista nas tropas do governo que retomam o controle da cidade. Quando a situação se normaliza, ele entra para o Movimento Juvenil Alemão, organizando excursões de esqui e alpinismo.

Concluído o segundo grau, Heisenberg ingressa na Universidade de Munique, onde estuda sob a orientação de Arnold Sommerfeld – um dos expoentes da mecânica quântica que se desenvolvia. Nessa época ele faz amizade com Wolfgang Pauli – um prodígio que aos dezoito anos havia publicado um artigo sobre a teoria da relatividade geral de Einstein e que seria conhecido pela elaboração do Princípio da Exclusão. Esta amizade se manteve através dos anos apesar das diferenças de personalidade: Pauli era um ávido frequentador da vida noturna que dormia até tarde e perdia aulas, Heisenberg era oposto, um estudante dedicado, que acordava cedo e apreciava caminhadas ao ar livre.

Em 1923, Heisenberg defende seu doutorado com uma tese sobre hidrodinâmica. A defesa não saiu como esperado, Heisenberg foi duramente criticado por um dos membros da banca – Wilhelm Wien[1] – por seu conhecimento limitado de física experimental. Apesar das críticas, ele conseguiu a aprovação e, contrariado pelo episódio, segue para a Universidade de Göttingen para trabalhar com Max Born. Nos anos seguintes, ele dividiria seu tempo entre Göttingen e Copenhague, onde colaboraria com Niels Bohr.

As conversas com Bohr, Born e Pauli, e as tentativas de entender a estrutura do átomo acabam por convencê-lo de que uma teoria adequada só seria possível se esta se restringisse ao que é efetivamente observado – os, assim chamados, observáveis –, abandonando conceitos clássicos como as órbitas dos elétrons. Em maio de 1925, com uma forte crise de rinite alérgica, ele decide se isolar na pequena ilha de Helgoland, no Mar do Norte, em busca de uma recuperação mais rápida. Sozinho, sem distrações, ele se concentra no problema de descrever o átomo usando somente os observáveis.

O átomo só é observado através das linhas espectrais, caracterizadas pela frequência e pela intensidade. As linhas espectrais surgem quando os átomos emitem fótons, isto é, quando os elétrons mudam de nível de energia – ou de órbita, no modelo de Bohr. Cada mudança de nível de energia é caracterizada por dois números, correspondendo as energias inicial e final. Estudando o problema mais simples de um único elétron, seguindo o mesmo raciocínio, ele organizou as possíveis energias em linhas e colunas, associando a cada termo uma amplitude e uma frequência. Partindo das amplitudes ele conseguia calcular a intensidade das linhas

---

[1]Wilhelm Wien ficou conhecido por elaborar a Lei de Wien que prevê corretamente o espectro da radiação de corpo negro para altas frequências mas falha nas baixas frequências.

espectrais[2]. Embora ele não soubesse, as operações matemáticas que ele observou serem necessárias correspondiam às operações da álgebra matricial[3]. Entusiasmado com seus resultados, Heisenberg escreve um manuscrito e o envia a Born, que o envia para ser publicado.

Um ponto que intrigava Heisenberg era que regras que ele utilizou para multiplicar seus arranjos de números implicavam em uma operação de multiplicação que era não-comutativa, isto é, a ordem dos fatores alterava o resultado. Born e seu assistente Pascual Jordan, logo reconheceram que a operação era a multiplicação de matrizes. A não-comutatividade não era um problema, se as matrizes representavam processos de medição era natural que a ordem fosse algo relevante. Os três – Heisenberg, Born e Jordan – publicam, então, dois artigos que seriam a fundação do que ficou conhecido como mecânica matricial – uma das versões da mecânica quântica. Wolfgang Pauli seria o primeiro a aplicar a nova mecânica para deduzir o espectro do átomo de hidrogênio, encontrando a solução correta.

Parecia que os enigmas da escala atômica estavam sendo decifrados. Mas, a que preço?! Era preciso abrir mão de tentar visualizar a estrutura do átomo e aplicar conceitos matemáticos que eram estranhos ao dia a dia dos físicos.

Foi então que – um pouco após a publicação dos artigos que elaboravam a mecânica matricial – Erwin Schrödinger

---

[2]Para quem quiser ver com detalhes como Heisenberg desenvolveu seu raciocínio eu sugiro a leitura de "Heisenberg, Models, and the Rise of Matrix Mechanics" de Edward MacKinnon – Historical Studies in the Physical Sciences – Vol. 8 (1977), pp. 137-188.

[3]O termo matriz é usado na matemática para designar um arranjo de números, símbolos ou expressões em linhas e colunas.

publicou seus primeiros artigos fundamentando a outra versão da mecânica quântica, a mecânica ondulatória, como será visto no próximo capítulo. Antes, porém, é preciso mencionar outro grande feito devido a Heisenberg, o Princípio da Incerteza.

Heisenberg estava em Copenhague, em 1927, quando desenvolveu e publicou o que ele chamou de relações de incerteza. Ele argumentou que as grandezas físicas só podem ser definidas quando podem ser medidas. Assim, só há sentido em se falar sobre a posição ou velocidade de uma partícula quando há um modo – mesmo que seja teórico – de se medir essas grandezas. Como exemplo, ele considerou a medida da posição de um elétron. Se a medida for feita através de algo como um microscópio seria necessário que um fóton atingisse o elétron para que a posição fosse determinada, e a precisão da medida dependeria da energia do fóton, quanto maior a energia maior a precisão. Entretanto, um fóton atingindo um elétron vai alterar sua velocidade, e a alteração vai ser tanto maior quanto maior for energia do fóton. A consequência é que as grandezas de posição e velocidade não poderiam ser determinadas simultaneamente. Em seguida, no mesmo artigo, ele estendeu as relações de incerteza para outros pares de medidas, como energia e tempo. Comentaremos ainda sobre o Princípio da Incerteza no contexto das interpretações da mecânica quântica.

Capítulo 7

Erwin Schrödinger e a equação da onda

Figura 7.1: Erwin Schrödinger

Erwin Rudolf Josef Alexander Schrödinger nasceu em Viena, na Áustria[1], no ano 1887. Foi o único filho de Rudolf Schrödinger e Georgine Emilia Brenda Schrödinger. Rudolf

---

[1]Na época a Áustria era parte do Império Austro-Húngaro.

adminstrava uma pequena empresa, era um homem culto, que estudara Química e Botânica, e publicava artigos sobre a filogenia das plantas. Georgine tinha ascendência inglesa e Erwin cresceu falando inglês e alemão. Ele estudou em casa até os onze anos, quando entrou para o Gymnasium – a escola secundária. Seus interesses intelectuais eram variados indo desde as disciplinas científicas até a poesia alemã. Em 1906, ele ingressa na Universidade de Viena, onde demonstra o mesmo nível de excelência que havia demonstrado no segundo grau. Nesse período ele recebe forte influência de Fritz Hasenöhrl, que havia sucedido Ludwig Boltzmann[2] na cátedra de física teórica da Universidade de Viena. Em 1911, Schröringer torna-se assistente de Franz Exner, auxiliando nas aulas de Física Experimental e três anos depois, no início de 1914, ele consegue a habilitação para dar aulas na universidade.

Alguns meses após Schrödinger obter sua habilitação, tem início a Primeira Guerra Mundial. Convocado, ele serve como oficial de artilharia. Após participar em missões no Tirol e em Budapeste, ele retorna a Viena com a incumbência de ministrar um curso introdutório de Meteorologia para oficiais da defesa antiaérea. Neste período, apesar da guerra, ele consegue estudar e publica dois artigos sobre a Teoria da Relatividade Geral, que Einstein havia finalizado em 1915.

Com o fim da guerra, Schrödinger retorna à Universidade de Viena, mas, permanece por pouco tempo. Em 1920, ele aceita um convite para ser professor assistente na Universidade de Jena, na Alemanha. Após casar-se com Anne-

---

[2]Ludwig Boltzmann, um dos maiores físicos teóricos do século XIX, suicidou-se no ano 1906.

marie Bertel, segue para Jena e lá permanece por menos de um ano. Na sequência, ele ocupa o cargo de professor associado em Stuttgart, na Alemanha, e professor titular em Breslau, na Polônia. Por fim, em setembro de 1921, ele se torna professor na Universidade Zurique, onde permaneceria por seis anos.

Logo após se estabelecer em Zurique, nos meses finais de 1921, ele foi diagnosticado com uma suspeita de tuberculose. Para a recuperação ele escolhe a cidade de Arosa, uma estação de esqui próxima a Davos, nos Alpes Suíços – o casal permaneceria lá a maior parte de 1922. Em Arosa, ele prossegue com suas pesquisas e publica dois artigos. Em um deles, ele antecipa resultados que seriam publicados por Louis de Broglie em 1924.

Tanto a vida pessoal quanto a vida profissional de Schrödinger estavam complicadas em 1925, ele e Annemarie tinham casos extraconjugais e, com 38 anos, tudo que ele havia publicado não lhe renderia mais que uma nota de rodapé na história da física. Em outubro, ele tomou conhecimento da tese de Louis de Broigle através de um artigo de Einstein. Ele conseguiu uma cópia da tese e, a pedido de seu colega Peter Debye[3], preparou uma palestra, que foi apresentada em novembro. Ao final da apresentação, Debye teria comentado que para se falar apropriadamente de uma onda era necessário ter uma equação que descrevesse a onda. Isso soou como um desafio para Schrödinger. Um pouco antes do Natal, ele partiu para uma nova temporada em Arosa. Ele levou consigo suas anotações sobre a tese de de Broglie

---

[3]Peter Debey foi um importante físico-químico norte americano. Foi laureado com o Nobel de Química de 1936, pelas suas contribuições para o conhecimento das estruturas moleculares.

e foi acompanhado não por sua esposa, Annemarie, mas por uma amante cuja identidade até hoje é desconhecida. Quando retornou, em janeiro, Schrödinger havia deduzido a equação da onda.

Os cadernos de anotações deixados por Schrödinger indicam o caminho que ele seguiu ao deduzir a equação. Ele tomou como ponto de partida a equação da onda, conhecida dos físicos por descrever ondas sonoras e ondas eletromagnéticas. Em sua primeira tentativa, ele introduziu na equação da onda as relações entre massa e frequência obtidas por de Broglie a partir da Teoria da Relatividade Restrita. O resultado foi uma equação de onda relativística[4]. Schrödinger, então, aplicou esta equação de onda ao átomo de hidrogênio, mas os resultados obtidos eram incorretos. Esta primeira tentativa seria publicada somente na segunda metade de 1926. Numa segunda tentativa, Schrödinger usou como ponto de partida a teoria de Hamiton-Jacobi – que é uma forma mais abstrata e matematicamente mais avançada das Leis de Newton – e não usou nenhuma relação relativística. A aplicação desta nova equação ao átomo de hidrogênio levou aos níveis de energia corretos.

Nos primeiros meses de 1926, Schrödinger publicou seis artigos nos quais fundamentou a versão ondulatória da mecânica quântica. Seus resultados foram saudados com entusiasmo pelos físicos. Agora era possível solucionar os problemas na escala atômica sem necessidade de recorrer à álgebra transcendental das matrizes.

Mas, surgia um problema. Se antes não havia nenhuma teoria que pudesse ser aplicada de forma abrangente na es-

---

[4]Schrödinger deduziu uma das formas da equação de Klein-Gordon, que seria publicada vários meses mais tarde.

cala atômica, agora havia duas, e ambas as teorias pareciam ser corretas, embora a forma matemática fosse muito distinta: de um lado tinha-se a álgebra não-comutativa das matrizes, do outro, equações diferenciais parciais. Além disso, as teorias levavam a interpretações complemente diferentes. Para Schrödinger o elétron se espalhava como uma onda de matéria em órbita em torno do núcleo. Heisenberg, por sua vez, defendia que não era possível nem se falar em órbitas, mas somente nas mudanças nos níveis de energia dos elétrons.

A mecânica ondulatória não foi muito bem recebida por Heisenberg, em uma carta a Pauli ele escreveu: *Quanto mais eu penso na porção física da teoria de Schrödinger, mais repulsiva eu a considero.* Note que a rejeição é sobretudo ao que ele chama de porção física da teoria. Heisenberg rejeitava a possibilidade de se visualizar o átomo ou de se referir a quantidades não-observáveis. Sua posição é filosófica, não científica, e vai ser incorporada à interpretação ortodoxa da mecânica quântica, como veremos.

Apesar das objeções de Heisenberg, a teoria ondulatória foi bem recebida e adotada pela maioria dos físicos – e pelas mesmas razões que levavam Heisenberg a considerá-la repulsiva. Ainda em junho de 1926, Schrödinger demonstrou matematicamente a equivalência entre as duas teorias. Mas, uma questão permanecia: Qual o significado físico da função de onda? Embora seja possível pensar no elétron como uma onda de matéria no caso do átomo, esta interpretação falha para o caso de uma colisão entre um elétron e um átomo. Neste caso o elétron se comporta como uma partícula. Born – um dos criadores da mecânica matricial – aplicou a Equação de Schrödinger para analisar exatamente este problema. A interação resulta em uma superposição de ondas. Não era possível afirmar qual a direção o elétron seguiria após a colisão. Baseando-se na teoria clássica, na qual o quadrado da amplitude de onda está associado intensidade da onda, ele propôs que o quadrado da função de onda correspondia a uma probabilidade. Assim, apesar de não poder afirmar qual a direção o elétron assumiria após a colisão, ele podia atribuir uma probabilidade para cada direção. Há muito mais a dizer sobre esta interpretação, mas, adiaremos esta discussão para a segunda parte do livro.

Enquanto a mecânica matricial era elaborada em Göttingen, um jovem estudante de doutorado da Universidade de Cambridge, inspirado pelo primeiro artigo de Heisenberg sobre a mecânica matricial, desenvolvera a sua própria versão da teoria. É o que veremos no próximo capítulo.

Capítulo 8

Paul Dirac e a mecânica quântica relativística

Figura 8.1: Paul Dirac

Paul Adrien Maurice Dirac nasceu em 1902, em Bristol, na Inglaterra. Era o segundo filho de Charles Adrien Ladislas Dirac e Florence Holten, que teriam ainda uma filha. Seu pai, Charles, era um imigrante suíço que lecionava francês e registrou os filhos como cidadãos suíços – somente aos dezessete anos, Paul se tornaria cidadão britânico. Sua mãe havia sido bibliotecária antes do casamento. Lembrando seus anos de criança, décadas mais tarde, Dirac afirmaria nunca ter tido uma infância. Seu pai era autoritário e distante, ele não tinha amigos e a família vivia um autoimposto isolamento social. Uma infância assim vivida influenciaria o adulto, que se tornaria um sujeito introvertido e taciturno.

Dirac fez seu primário em uma pequena escola próximo à casa da família e depois entrou para a Merchant Venturers' Technical College, onde seu pai era professor. Terminando o segundo grau com um desempenho excelente, Dirac conseguiu uma bolsa para Universidade Bristol, iniciando seus estudos de engenharia elétrica em 1918. Ele passa a maior parte dos dias isolado na biblioteca e estuda, por conta própria, a Teoria da Relatividade Restrita e a Teoria da Relatividade Geral de Einstein. Três anos depois ele terminaria sua graduação com honras e conseguiria uma bolsa para prosseguir seus estudos na Universidade de Cambridge. O valor da bolsa, entretanto, não era suficiente para que ele se mantivesse em Cambridge. Sem conseguir arranjar um emprego como engenheiro, ele acaba retornando à Universidade de Bristol para uma segunda graduação, agora em matemática. Durante o curso ele se aprofunda no estudo da mecânica clássica e faz cursos extracurriculares sobre a teoria atômica. Em dois anos ele finaliza o curso e é agraciado com uma bolsa de estudos do governo que, somada à bolsa que ele conseguira da Universidade de Cambrigde, permite que ele inicie o doutorado.

Em Cambridge, Dirac ficaria conhecido por sua quietude e sua mente literal. Um colega, anos depois, relembraria que, quando indagado sobre alguma questão científica: *Ele olha cinco minutos para o teto, cinco minutos para a janela, e então diz "Sim"ou diz "Não". E ele está sempre certo.* No refeitório em que os estudantes se reuniam para jantar, Dirac ficava invariavelmente calado. Conta-se que um colega, para puxar conversa, teria comentado: *Está um pouco chuvoso hoje, não está?* Dirac se levantou, foi até janela e após retornar e se sentar disse: *No momento, não.* De qualquer forma, o talento de Dirac não passou despercebido por seu orientador, Ralph Fowler. Que era um dos poucos físicos ingleses em dia com os avanços da mecânica quântica.

Em setembro de 1925, Fowler enviou a Dirac o artigo que Heisenberg havia escrito em Helgoland, com os princípios da mecânica matricial. Na primeira página, ele deixara escrito: *O que você acha disto? Eu ficarei feliz em ouvir.* Dirac tinha um conhecimento limitado de alemão, o que dificultou a compreensão do texto. Além disso, ele considerou a abordagem de Heisenberg – restringindo-se ao observáveis – muito complicada e artificial. Ele deixou o manuscrito de lado por uma semana, depois retomou sua leitura. A não-comutatividade dos elementos da teoria, que intrigara Heisenberg, chamou a atenção de Dirac. Ele tinha o hábito de dar longas caminhadas pelo na área rural de Cambridge e foi num domingo, em uma dessas caminhadas, que ele fez sua primeira descoberta importante.

A não-comutatividade significa tão somente que se multiplicarmos um elemento A por um elemento B vamos obter um resultado diferente de B multiplicado por A. Dirac, então, notou que a diferença $AB - BA$ aparecia também na mecânica clássica através de uma operação conhecida como *parênteses de Poisson*[1]. Com isso, era possível ter uma correspondência entre as grandezas clássicas e as grandezas da mecânica quântica. Fazia algum tempo que ele havia estudado mecânica clássica e ele não se lembrava os detalhes da teoria de Poisson. Então, retornou apressado de seu passeio, mas como era domingo e as bibliotecas estavam fechadas, teve que esperar até segunda para consultar livros de mecânica clássica e verificar a correção de sua ideia. Na segunda-feira pela manhã ele consultou os livros na biblioteca e viu que sua conjectura fazia todo sentido. Seguiram-se semanas de trabalho árduo, nas quais Dirac desenvolveu toda a base matemática de sua teoria em analogia com a teoria clássica. Em novembro, Dirac entregou a Fowler seu manuscrito com o título *The Fundamental Equations of Quantum Mechanics*, que foi enviado a Royal Society para ser publicado. Enviou também uma cópia manuscrita para Heisenberg.

A teoria proposta era mais abrangente, mais ambiciosa e mais abstrata do que a teoria que Heisenberg havia formulado em seu artigo que servira de inspiração para Dirac. A partir da analogia clássica com os parênteses de Poisson, Dirac formulou uma equação do movimento, isto é, uma equação que permitia calcular a evolução temporal de um sistema.

Parte dos resultados que Dirac obteve já haviam sido deduzidos e publicados no artigo escrito em conjunto por Heisenberg, Born e Jordan, mas isso não diminuía a importância do que ele realizara. Na carta que Heisenberg enviou a Dirac agradecendo o manuscrito, ele escreveu:

---

[1]As equações da mecânica clássica – no formalismo de Hamilton – podem ser deduzidas a partir dos parênteses de Poisson.

... Espero que você não fique incomodado com o fato de algumas partes de seus resultados já terem sido encontradas aqui há algum tempo e serem independentemente publicadas aqui em dois artigos ...seus resultados, especialmente no que diz respeito à definição geral do quociente diferencial e à conexão das condições quânticas com os parênteses de Poisson, vão consideravelmente além do trabalho mencionado; por outro lado, seu artigo também é realmente melhor e mais conciso do que nossa formulação dada aqui.

O artigo não obteve um reconhecimento imediato – era abstrato demais para isso –, mas, aos poucos, o nome de Dirac passou a ser conhecido entre os físicos da área.

Após defender seu doutorado, ele publicou outro artigo importantíssimo em agosto de 1926. Ao estudar a mecânica ondulatória ele percebeu que equação de Schrödinger, quando aplicada às partículas, permitia dois tipos de soluções – simétricas e anti-simétricas – que levavam a comportamentos distintos. As partículas cujas soluções eram simétricas obedeciam a uma estatística desenvolvida por Satyendra Nath Bose e aperfeiçoada por Einstein, e que ficou conhecida como Estatística de Bose-Einstein. As anti-simétricas foram estudadas primeiramente por Enrico Fermi, além do próprio Dirac, surgindo assim a Estatística de Ferm-Dirac. As partículas, então, passaram a ser divididas em duas classes: os bósons e os férmions[2]. Este trabalho foi imediatamente saudado como uma grande contribuição

---

[2]Wolfgang Pauli, posteriormente, mostrou que os bósons possuem spin inteiro e os férmions, semi-inteiro.

à mecânica quântica, apesar de ser considerado extremamente difícil. Após ler o artigo, Schrödinger escreveu em uma carta a Bohr: *Dirac possui um método de pensamento completamente original e único, que – precisamente por esse motivo – produzirá os resultados mais valiosos, ocultos para o resto de nós. Mas ele não tem ideia do quão difícil são seus artigos para um ser humano normal.*

A principal contribuição de Dirac ainda estava por vir. Em 1926 ainda havia alguns importantes enigmas a serem decifrados. A observação das linhas espectrais do átomo de hidrogênio em alta resolução mostrava que estas se dividiam em linhas mais finas. Supunha-se que a estrutura fina das linhas espectrais era consequência de efeitos relativísticos, que não eram capturados pela Equação de Schrödinger. Outro enigma era o spin do elétron – as linhas espectrais eram alteradas quando os átomos eram submetidos a campos magnéticos, sugerindo que os elétrons deviam ter um campo magnético intrínseco, que foi chamado de spin[3]. A incorporação do spin na mecânica quântica – na Equação de Schrödinger ou na mecânica matricial – era algo que parecia bastante artificial. Por fim, havia ainda o fato de Equação de Schrödinger ser incompatível com a Teoria da Relatividade Restrita. Tudo indicava que estes problemas estavam relacionados.

Desde seus dias de estudante, Dirac era fascinado pela Teoria da Relatividade. Era, portanto, bastante natural que ele se dedicasse a deduzir uma versão relativística da Equação de Schrödinger. Quando ele comentou sua intenção com Bohr, foi desencorajado com o comentário de que

---

[3]Spin é o termo usado para denotar o momento magnético intrínseco das partículas.

este problema já havia sido resolvido. De fato, Oskar Klein e Walter Gordon haviam publicado uma versão relativística da Equação de Schrödinger, que ficou conhecida como Equação de Klein–Gordon. Como vimos no capítulo anterior, o primeiro a deduzir tal equação foi Schrödinger, embora não tenha sido o primeiro a publicar. O próprio Dirac também havia deduzido a mesma equação de forma independente, mas não lhe atribuiu muito valor. O problema com a Equação de Klein-Gordon é que, embora ela possa ser aplicada em alguns casos, ela falha ao ser aplicada ao elétron[4].

Na Teoria da Relatividade espaço e tempo são tratados da mesma forma, é por isso que se fala em um contínuo espaço-tempo. Isso não ocorre na Equação de Schrödinger, na qual as variações no tempo ocorrem de forma distinta das variações no espaço[5]. Nas tentativas anteriores de se obter uma equação relativística, Klein, Gordon, Schrödinger e o próprio Dirac alteraram a forma como as variações temporais aparecem na equação. Mas, Dirac não estava contente com esta abordagem. Ele decidiu, então, alterar a forma como as variações no espaço aparecem na equação. Seu interesse era estético, ele não estava preocupado com o problema do spin do elétron ou a estrutura fina das linhas espectrais do hidrogênio, sua preocupação era a forma da equação. Era sobretudo um trabalho matemático, algo que ia ao encontro de suas inclinações. Como ele diria, anos mais tarde, *Eu acho que é uma peculiaridade minha que eu gosto de brincar com equações, apenas procurando belas relações*

---

[4]A equação de Klein Gordon descreve de forma correta somente partículas de spin zero.

[5]A Equação de Schrödinger relaciona uma derivada primeira no tempo com uma derivada segunda no espaço.

que talvez possam não ter nenhum significado físico. Às vezes elas têm. Neste caso, quando ele encontrou as relações que queria, elas tinham muito significado.

Ao aplicar a equação deduzida para o caso de um elétron em um campo eletromagnético o spin aparecia de forma correta, sem precisar de nenhuma alteração adicional. Também a estrutura fina das linhas espectrais do hidrogênio surgia como solução da equação, que ficou conhecida como a Equação de Dirac. O artigo com sua principal contribuição à mecânica quântica foi publicado em fevereiro de 1928, com o título *The Quantum Theory of the Electron.*

A equação de Dirac tinha uma peculiaridade que não passou despercebida. Quando aplicada ao elétron ela permitia não uma, mas, duas soluções. Uma solução correspondia aos níveis de energia positivos do elétron, observados nos experimentos, mas havia também uma solução que gerava níveis de energia negativos. Havia algum significado físico nisso? Dirac se debruçou sobre o problema durante três anos, propondo soluções que se mostraram falhas, até que, em 1930, ele propôs que os níveis de energia negativos só poderiam ser explicados pela existência de um antielétron: uma partícula com mesma massa do elétron, mas com carga elétrica positiva. Dois anos depois, os antielétrons – que ficaram conhecidos como pósitrons – foram detectados em raios cósmicos.

Paul Dirac dividiu com Erwin Schrödinger o Prêmio Nobel de 1933 *pela descoberta de novas e produtivas formas da teoria atômica.*

Parte II

Interpretações

Capítulo 9

O Experimento da Fenda Dupla

Thomas Young já foi descrito como o último homem que sabia tudo. Falava quatorze idiomas, praticava medicina, ajudou a decifrar hieróglifos egípcios e realizou experimentos essenciais ao desenvolvimento da física. Em 1803, ele apresentou à Royal Society seu experimento mais famoso, o experimento da fenda dupla.

O objetivo da experiência era demonstrar o caráter ondulatório da luz. Uma fonte de luz é colocada atrás de um anteparo com duas fendas (Figura 9.1) Ao passar pelas fendas as ondas de luz vão se espalhar, um fenômeno conhecido como difração. O resultado é que haverá dois conjuntos de ondas que vão interferir um com o outro. A interferência pode ser construtiva, quando o pico de uma onda se soma ao pico de outra onda, ou pode ser destrutiva, quando o pico de uma onda encontra uma depressão. O resultado é visto em uma tela. Onde a interferência é construtiva, têm-

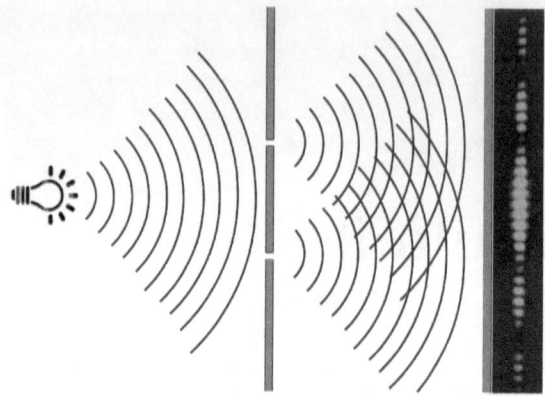

Figura 9.1: Experimento da fenda dupla. A interferência entre as ondas provoca o padrão de listras visto à direita.

se uma franja de luz, onde a interferência é destrutiva, uma faixa escura, formando um *padrão de interferência*. Observe que se a luz fosse um feixe de partículas tal padrão não se formaria, teríamos somente duas áreas iluminadas, atrás das fendas. E foi assim que Thomas Young demonstrou o caráter ondulatório da luz.

Entretanto, como vimos, a luz também é formada por partículas: os quanta de luz ou fótons. E elétrons e outras partículas também se comportam como ondas. Estamos diante da *dualidade onda-partícula*, um ponto essencial da física quântica.

A dualidade onda-partícula pode ser melhor apreciada a partir de um experimento realizado em 2012 e cujos resultados foram publicados em 2013[1]. O experimento é similar ao

---

[1]Roger Bach, Damian Pope, Sy-Hwang Liou e Herman Batelaan. Controlled double-slit electron diffraction. New Journal of Physics, Volume 15, March 2013.

Experimento de Young, mas, ao invés de usar uma fonte de luz, foi utilizado uma fonte de elétrons, e foi conduzido de tal forma que um elétron era emitido de cada vez. Ou seja, um segundo elétron só era emitido após o primeiro atingir a tela. Mesmo assim, o mesmo padrão de interferência aparecia a medida que os elétrons iam atingindo a tela. É como se o elétron, mesmo passando por uma única fenda, percebesse a presença da outra fenda e ajustasse sua trajetória de acordo. Não é possível prever a trajetória, nem a posição que o elétron atingirá a tela. Aqui temos os dois pontos fundamentais que diferenciam a física quântica da clássica. A física quântica é intrinsecamente probabilística e *não-local*[2].

Um experimento como este não pode ser explicado classicamente, é preciso a usar a mecânica quântica para isso. Mas a explicação do que ocorre vai depender, neste caso, da interpretação da mecânica quântica. Veremos as principais interpretações nos próximos capítulos.

---

[2]O termo não-local se refere a possibilidade de um acontecimento em uma posição A influir instantaneamente em uma posição B, por mais que A e B estejam distantes.

Capítulo 10

A Interpretação de Copenhague

Antes de falarmos da Interpretação de Copenhague, talvez seja melhor nos perguntarmos: Por que a necessidade de uma interpretação da teoria? Por que discussões sobre interpretações não surgem nas teorias clássicas? Como exemplo, consideremos a mecânica clássica, de Newton. Vamos supor que nosso objetivo seja a determinação da posição futura de um planeta. Uma vez que tenhamos a posição do planeta e de outros corpos celestes próximos, podemos escrever um conjunto de equações que vão prever como a posição do planeta varia no tempo. A precisão do resultado vai depender da precisão do nosso conhecimento sobre as condições inicias, além de possíveis simplificações. O resultado pode ser bom ou ruim, mas não há dúvida sobre o que estamos prevendo: a posição do planeta e como esta posição varia com o passar do tempo. Em contraste, a mecânica quântica nos fornece uma *função de onda* e como esta função varia no tempo. A função de onda atribui um número a cada posição do espaço, com estes números, é possível determinar probabilidades. Mas, o que é esta função de onda? Ela tem uma realidade física como uma uma onda eletromagnética ou é uma construção teórica? Ela reflete a realidade ou nosso conhecimento da realidade? Outro ponto a se considerar é que, na mecânica quântica, se a posição de uma partícula é determinada com precisão, de acordo com o Princípio da Incerteza, isso afeta sua velocidade, o que, por sua vez, atrapalha a previsão de sua posição futura. O próprio conceito de trajetória pode ser posto em dúvida.

Questões como estas surgiram a medida que a mecânica quântica foi sendo desenvolvida. Bohr e Heisenberg foram os principais responsáveis pelo que ficou conhecido como Interpretação de Copenhague – este nome aparece pela primeira vez em 1955, a partir de uma série de palestras dadas por Heisenberg. Colocar de forma precisa os postulados da Interpretação de Copenhague é uma tarefa quase impossível, porque a interpretação de Bohr não é a mesma que a de Heisenberg, nem a de outros que contribuíram para sua elaboração. Dois textos serviram de base para a apresentação da Interpretação de Copenhague que apresento a seguir: o artigo *The Quantum Postulate and the Recent Development of Atomic Theory*, publicado por Bohr na revista Nature em 1928 e o livro *Physics and Philosophy: The Revolution in Modern Science*, publicado por Heisenberg em 1958.

Nossa compreensão do mundo usa conceitos clássicos, como ondas e partículas, entretanto, estes conceitos não podem ser aplicados diretamente a entes quânticos[1], que não

---

[1]Eu uso aqui o termo ente quântico para me referir a algo cujo comportamento é descrito pela mecânica quântica, evitando o uso do

são nem uma coisa, nem outra. Além disso, a aplicação destes conceitos é limitada pelo Princípio da Incerteza. Conceitos clássicos – como ondas e partículas, ou posição e velocidade – são complementares na compreensão dos fenômenos quânticos.

O conhecimento dos fenômenos quânticos vem de experimentos, que, por sua vez, envolvem a interação entre entes quânticos e um aparato experimental, descrito classicamente. *Por mais que os fenômenos transcendam o âmbito da explicação física clássica, a descrição de todos os dados deve ser expressa em termos clássicos*, afirma Bohr. O que o experimento mede é o que é projetado para medir, isto é, um experimento pode caracterizar tanto a natureza ondulatória, quanto a natureza corpuscular de um ente quântico.

Não há sentido em se falar no comportamento de uma ente quântico a não ser no processo de medida. Enquanto não se faz a medida o sistema está uma *superposição de estados*, isto é, estará em uma combinação de possibilidades. Um elétron antes de atingir a tela – no experimento da fenda dupla – vai estar em diversas posições simultaneamente. Nas palavras de Heisenberg: *A transição do possível para o real somente ocorre no ato de observação*. Esta transição do possível para o real é chamada de colapso da função de onda. Ainda no experimento da fenda dupla, antes do elétron atingir a tela o que temos é uma superposição de estados – com uma probabilidade associada a cada estado. Quando o elétron atinge a tela, não há mais sentido em se falar em probabilidades, ocorreu o colapso da função de onda.

Em essência, a Interpretação de Copenhague afirma que

---

termo partícula.

não é possível atribuir propriedades ao mundo quântico, pois estas surgem apenas na interação com um observador – no processo de medição. Nas palavras de Bohr: *Não existe mundo quântico. Existe apenas uma descrição quântica abstrata. É errado pensar que a tarefa da física é descobrir como é a natureza. A física diz respeito ao que podemos dizer sobre a natureza.*

Muitas críticas podem ser feitas à Interpretação de Copenhague. A primeira é reduzir o escopo da teoria à previsão de resultados de experimentos. A teoria é muito mais do que isso. Podemos usar a mecânica quântica para explicar as reações nucleares que ocorrem no interior das estrelas, ou para projetar materiais – como semicondutores e supercondutores – que seriam impossíveis de serem criados de acordo a com a física clássica. A menos que os termos experimento e medida sejam usados de forma tão ampla a perder todo seu sentido, não estamos nesses casos realizando experimentos e medidas, e a mecânica quântica continua válida.

A ênfase dada ao que é observável é exagerada. A compreensão de um comportamento observável muitas vezes é impossível sem que se postule um mecanismo que explique este comportamento, mesmo que o mecanismo não possa ser acessado diretamente. É interessante notar que o destaque dado a experimentos e observáveis é um resultado tardio da influência de Ernest Mach.

Mach foi um físico e filósofo austríaco do fim do século XIX e começo do século XX, que publicou trabalhos na área de ótica e desenvolveu técnicas de medição da propagação do som – em sua homenagem, a razão entre a velocidade de um objeto e a velocidade do som é chamada de número de Mach. Dedicando-se à filosofia da ciência, ele defendeu que as teorias científicas seriam somente formas de sistematizar resultados experimentais e que, portanto, deveriam se abster de conceitos que não pudessem ser verificados experimentalmente – para Mach as teorias deveriam ser descritivas. Seguindo estas ideias ele rejeitou os conceitos de átomos e moléculas por não serem diretamente verificáveis. Também foi um forte opositor da mecânica estatística, que tentava dar uma fundamentação microscópica aos resultados da termodinâmica.

A epistemologia desenvolvida por Mach – e, por consequência, a Interpretação de Copenhague – caso fosse seguida à risca, seria nociva ao desenvolvimento científico ao barrar a procura por explicações causais que tivessem por base não-observáveis. Richard Feynmann – um dos maiores físicos do século XX – escreve em suas Lectures on Physics[2]: *É sempre bom saber quais idéias não podem ser verificadas diretamente, mas não é necessário removê-las todas. Não é verdade que possamos buscar a ciência de forma completa usando apenas os conceitos diretamente sujeitos a experimentos.*

Também merece crítica a falta de cuidado no uso do termos medição e observador. Embora esta não seja a posição defendida por Bohr, a Interpretação de Copenhague levou à percepção de que uma experiência qualquer somente teria um resultado definido na presença de um observador. Isso trouxe um forte elemento de subjetividade, que é completamente alheio à física e totalmente desnecessário à mecânica quântica. A posição de Bohr era de que medição era qualquer interação entre entes quânticos e clássicos. Tal posição

---

[2]Feynman, Leighton e Sands, *The Feynman Lectures on Physics* Vol. III. New Millennium ed., 2011.

é encontrada em muitos livros textos de mecânica quântica, como no clássico Curso de Física Teórica de Landau e Lifshitz: *medição é qualquer interação entre objetos clássicos e quânticos*[3]. Mas, quando um objeto deve ser descrito classicamente? Onde está a fronteira entre o clássico e o quântico? Se todo experimento fosse descrito do ponto de vista quântico, não haveria medição? Estas questões não somente ficam sem respostas, elas não são sequer colocadas, mesmo sendo este um dos pontos fundamentais da interpretação. Ainda, segundo a Interpretação de Copenhague, é no processo de medição que ocorre o colapso da função de onda, *a transição do possível para o real*. O que temos antes da medição é uma superposição de estados. Isso leva a absurdos, como fica claro na experiência fictícia proposta por Schrödinger como uma crítica, e que ficou conhecida como Gato de Schrödinger. A experiência é simples, imagine um quarto onde há um gato. No quarto, além do gato, há uma certa quantidade de um material radioativo e um *contador Geiger*[4], que detecta se houve ou não desintegração do material. Um dispositivo ligado ao contador libera uma dose letal de veneno, caso haja a desintegração do material radioativo. Suponhamos que, ao fazer os cálculos, usando a mecânica quântica, chegamos a conclusão de que a probabilidade de ocorrer a desintegração do material é de cinquenta por cento – o sistema estaria em uma superposição de estados. De acordo com a Interpretação de Copenhague, o gato estaria simultaneamente vivo e morto, até que um ato de

---

[3]L. Landau e E. Lifshitz. *Mecânica Quântica - Teoria não relativista*. Editora Mir, Moscou, 1985.

[4]O contador Geiger (também chamado contador Geiger-Müller) é um aparelho projetado para medir alguns tipos de radiações.

observação – uma medição – provocasse o colapso da função de onda. Por mais que possa ser divertida a ideia de um gato zumbi, isso não é algo que se encaixe muito bem em uma teoria científica.

A despeito das críticas, a Interpretação de Copenhague acabou se tornando a interpretação padrão da mecânica quântica. É justo, portanto, que se pergunte o porquê. Isso se deve a uma série de fatores. John von Neumann[5] publicou, em 1932, o livro *Mathematical Foundations of Quantum Mechanics*, no qual demonstrou ser impossível qualquer interpretação da mecânica quântica baseada em variáveis ocultas, isto é, qualquer interpretação na qual as probabilidades surgissem de uma teoria determinística subjacente. A demonstração de fato tinha uma falha e não impedia interpretações utilizando variáveis ocultas não-locais, mas isso passou despercebido. Qualquer tentativa de interpretação utilizando variáveis ocultas era logo descartada, pois, von Neumann já havia demonstrado que isso era impossível. Outro fator que influenciou na adoção da Interpretação de Copenhague foi a personalidade de Bohr. Considerado na época um gigante da estatura de Einstein, Bohr foi o mentor da geração de físicos que criou a mecânica quântica. A admiração que eles tinham por Bohr pode ser avaliada nas palavras de John Archibald Wheeler[6]: *nada fez mais para me convencer de que existiram amigos da humanidade com a sabedoria humana de Confúcio e Buda, Jesus e Péricles,*

---

[5]John von Neumann foi matemático, físico, cientista da computação e engenheiro. É considerado um dos maiores cientistas do século XX.

[6]John Archibald Wheeler, físico teórico norte-americano que trabalhou com Bohr em Copenhague na década de trinta.

Erasmo e Lincoln, do que passeios e conversas sob as faias da floresta de Klampenborg com Niels Bohr. Com tal nível de admiração, não é surpresa que a interpretação dada por Bohr tenha sido aceita. A partir desse núcleo inicial em Copenhague, ela se espalhou através de livros-texto e se transformou em ortodoxia.

Os físicos fundadores que não eram discípulos de Bohr permaneceram, em sua maioria, críticos à Interpretação de Copenhague, entre eles: Einstein e Schrödinger.

Capítulo 11

A Teoria de De Broglie-Bohm

Enquanto Bohr e Heisenberg desenvolviam a Interpretação de Copenhague, de Broigle elaborou uma alternativa, que foi chamada na época de Teoria das Ondas Piloto e, posteriormente, Teoria de De Broglie-Bohn. Ao apresentar sua teoria, na Conferência de Solvay de 1927[1], de Broglie foi recebido com fortes críticas por parte dos defensores da Interpretação de Copenhague, em especial, Wolfgang Pauli. Incapaz de responder a todas as críticas, de Broglie acabou abandonando sua teoria por mais de duas décadas, só a retomando após ela ser redescoberta por David Bohm.

David Bohm era um pesquisador trabalhando na Universidade de Princeton em 1951, quando publicou o livro

---

[1] As Conferências de Solvay são uma série de conferências científicas que reuniram os mais consagrados cientistas do século XX. Foram realizadas no Instituto Internacional da Solvay de Física e Química, localizado em Bruxelas.

Quantum Theory[2], no qual apresentava a mecânica quântica de forma didática, incluindo a Interpretação de Copenhague, que ele aceitava. Um pouco após a publicação, ele foi convidado para uma conversa com Einstein – que era professor do Instituto de Estudos Avançados da Universidade. Einstein apresentou a Bohm suas críticas à Interpretação de Copenhague, enfatizando o caráter subjetivo da interpretação. As críticas tiveram impacto e, após algumas semanas, Bohm desenvolveu uma nova interpretação para a mecânica quântica. O que Bohm havia feito na verdade foi reinventar a Teoria das Ondas Piloto, de De Broglie, que ele desconhecia.

Segundo a Teoria de De Broglie-Bohn, o que chamamos anteriormente de entes quânticos são partículas, cujo movimento é ditado por uma equação derivada da equação de Schrödinger. As partículas seguem trajetórias bem definidas, guiadas por ondas, e o caráter probabilístico da teoria surge pelo desconhecimento das condições iniciais do movimento. Se pensarmos novamente no experimento da fenda dupla, o que temos agora são partículas que percorrem trajetórias como as apresentadas na Figura 11.1. A trajetória que a partícula seguirá é algo que vai depender das condições iniciais, mas, uma vez que tenhamos a posição final, podemos reconstruir o caminho que a partícula percorreu. Os caminhos que a partícula pode percorrer são obtidos da equação da onda, então, fenômenos como a interferência aparecem naturalmente. A teoria é determinística, com variáveis ocultas, exatamente o tipo de teoria que supostamente von Neumann teria demonstrado ser impossível.

Nos anos cinquenta, os Estados Unidos viviam sob o

---

[2]Quantum Theory, David Bohm. Prentice-Hall, 1951.

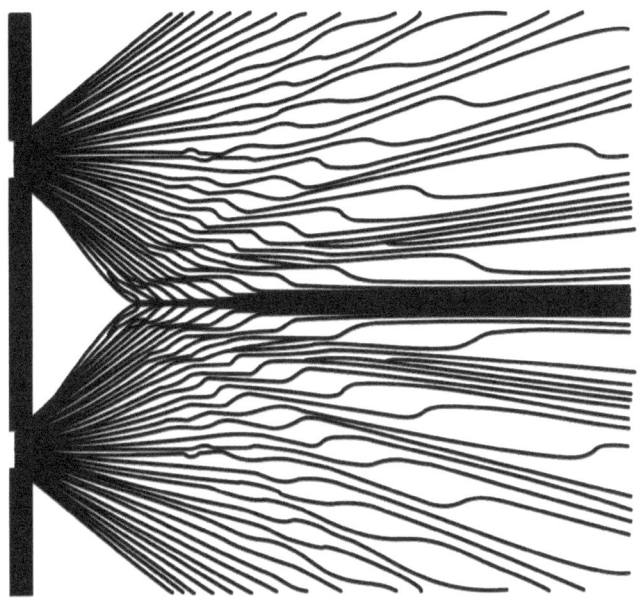

Figura 11.1: Figura 11.1: Possíveis caminhos de uma partícula no experimento da fenda dupla segundo a Teoria de De Broglie-Bohm. (By File:Doppelspalt.jpg: Opasson / *derivative work Malyszkz - File:Doppelspalt.jpg, Public Domain

clima de perseguição política do Macarthismo. David Bohm, que havia sido ligado ao partido comunista, teve que sair do país. Com o apoio de Einstein, ele veio para o Brasil, onde permaneceu durante quatro anos na Universidade de São Paulo. Longe dos grandes centros de desenvolvimento científico, ficou ainda mais difícil defender sua teoria, que teve acolhida bastante negativa. Podemos ter uma ideia de como a teoria foi recebida observando o que aconteceu em Princeton. Oppenheimer[3] reuniu um grupo de físicos para discutir a teoria de Bohm e, após algumas horas de discussão sem encontrar nenhum erro, concluiu: *Se não podemos refutar Bohm, devemos concordar em ignorá-lo.* E assim foi feito. Por um tempo a teoria chamou mais a atenção de filósofos da ciência do que de físicos. Ultimamente, entretanto, o interesse por ela tem crescido e o número de publicações sobre a teoria tem aumentado significativamente.

Nem é preciso dizer, a Teoria de De Broglie-Bohm oferece uma visão bem mais intuitiva da mecânica quântica. Seus críticos, entretanto, argumentam que ela acrescenta elementos desnecessários sem apresentar resultados novos. Isso é parcialmente verdadeiro, há, sim, o acréscimo das trajetórias. Mas, ao mesmo tempo, tornam-se desnecessárias referências a medições e observadores. O fato de ser uma teoria não-local também não ajuda sua aceitação, embora não seja possível fugir à não-localidade da mecânica quântica, qualquer que seja a interpretação[4]. Por fim, uma observação relevante sobre a Teoria de De Broglie-Bohm é o fato dela se basear na equação de Schrödinger, não havendo ainda uma versão relativística da teoria. Ou seja, por mais que a teoria seja atraente, em sua atual configuração ela é incompleta.

---

[3]Julius Robert Oppenheimer, físico teórico que liderou o Projeto Manhattan, era o diretor do Instituto de Estudos Avançados da Universidade de Princeton.

[4]Experimentos do tipo proposto por Einstein, Podolsky and Rosen, demonstram a não localidade da teoria

Capítulo 12

A Interpretação de Muitos Mundos

Hugh Everett III era um aluno de doutorado de Princeton, em 1957, quando apresentou sua tese com a Interpretação de Muitos Mundos. Schrödinger tinha apresentado ideias análogas alguns anos antes, mas ficaram esquecidas, assim como provavelmente teria ficado esquecida a tese de Everett, não fosse a publicação, em 1973, do livro *The Many-Worlds Interpretation of Quantum Mechanics* por Bryce S. DeWitt e Neill Graham. A partir daí interpretação de Everett foi, aos poucos, ganhando popularidade e atualmente tem muitos adeptos, especialmente entre cosmologistas e físicos que lidam com computação quântica. Há mais de uma versão da Interpretação de Muitos Mundos, a que apresentaremos é a original, desenvolvida por Everett em sua tese de doutorado.

Segundo Everett, quando descrevemos a evolução temporal de um sistema quântico, a Interpretação de Copenhague permite dois tipos de mudança:

I – Mudanças contínuas e determinísticas descritas pela equação de Schrödinger.

II – Mudanças descontínuas, quando ocorre uma interação entre um sistema quântico e um sistema clássico no processo de medição – o colapso da função de onda.

Suponhamos que o objetivo agora seja descrever a evolução de um sistema quântico interagindo com um sistema clássico, ou seja, em um processo de medição. De acordo com a Interpretação de Copenhague, isso seria impossível, pois uma mudança descontínua não pode ser descrita pela equação de Schrödinger. Isso é especialmente problemático quando se deseja aplicar a mecânica quântica para descrever a evolução do universo, em cosmologia.

A solução encontrada por Everett foi descartar o colapso da função de onda e dizer que as diversas soluções alternativas da equação de Schrödinger realizam-se em mundos diversos. Voltando à experiência da fenda dupla, diríamos que todas as diversas posições em que a partícula pode atingir a tela ocorrem simultaneamente em mundos diversos, mas em cada mundo a partícula segue uma trajetória única. Assim, sempre que temos diversas possibilidades em um sistema quântico – digamos, o decaimento radioativo de núcleo de um átomo de urânio ocorrendo em uma galáxia distante –, o mundo se divide e todas as alternativas são realizadas. Os mundos vão dividindo e se dividindo em um miríade potencialmente infinita.

Não há inconsistência entre a Interpretação de Muitos Mundos e o formalismo da mecânica quântica. Também não há nada no formalismo que leve a esta interpretação. E, como os diversos mundos são independentes, não há um experimento que possa contradizer a interpretação. Por outro lado, e isso é uma impressão pessoal, sempre que ouço algo sobre a Interpretação de Muitos Mundos, eu fico com a impressão de que está se tentando adaptar a realidade à teoria e não o contrário.

Capítulo 13

Comentários Finais

Gostaria de finalizar com um pouco das minhas impressões e da experiência que tive estudando a mecânica quântica. No final do anos noventa houve uma série de palestras com o filósofo Mário Bunge na Universiadade Federal de Santa Catarina. Foi nestas palestras que eu tive o primeiro contato com a mecânica quântica e as dificuldades de sua interpretação. Bunge – que, antes de voltar-se à filosofia, foi físico teórico – era um crítico ferrenho da Interpretação de Copenhague. Fui vacinado contra os paradoxos da interpretação ortodoxa antes mesmo de conhecer o formalismo matemático da teoria. Quando eu comecei a estudar mais seriamente a mecânica quântica, iniciando o curso de mestrado, o que mais me surpreendeu foi o uso – e o mau uso – da linguagem nos livros-texto. Onde se poderia dizer, por exemplo, "a probabilidade de uma partícula estar em tal posição", dizia-se "a probabilidade de um partícula ser medida em tal posição". A referência a medidas parecia ser essencial, mesmo quando fora de contexto – quando nenhuma medida, nem mesmo hipotética, seria realizada. Os professores, por outro, lado quase não tinham interesse nas interpretações. Como a maioria dos físicos educados na ortodoxia de Copenhague, adotavam a postura de ignorar as interpretações e fazer os cálculos. Na época, possivelmente motivado pelas palestras, li vários livros de Mário Bunge e também de Karl Popper. Dessas leituras me ficou a impressão de que é possível a elaboração interpretações realistas e consistentes da mecânica quântica, basta aceitar que a realidade possa ser intrinsecamente não-local e, possivelmente, não-determinística.

Foi também nessa época que surgia o que podemos chamar de misticismo quântico – o uso da obscuridade das interpretações da mecânica quântica para justificar extravagâncias. Nada contra os místicos, nem contra os extravagantes – quem quiser acreditar, que acredite –, mas não há nada na teoria que os justifique. Menos ainda há para justificar pseudo-ciências e o charlatanismo que vai de terapias alternativas quânticas a livros de auto-ajuda. Sinto muito se minha visão é um pouco árida, ciências exatas são assim.

Com relação à Teoria de De Broglie-Bohm, eu nunca havia lido muito a respeito antes de começar a escrever este livro. Gostei do que li e acredito que possa vir a ser a melhor alternativa, caso se consiga desenvolver uma versão relativística da teoria. Enquanto esta versão não vem, acho que devemos aceitar a teoria pelo que ela é: uma teoria probabilística. As partículas existem, independente de serem observadas, e têm trajetórias, mesmo que estas não possam ser determinadas com precisão infinita – o Princípio da Incerteza não proibe trajetórias, somente sua determinação precisa. A dinâmica das partículas fundamentais seguem regras probabilísticas não-locais, dadas pela equação de Schrödinger. Por enquanto, é o que temos.

BIBLIOGRAFIA

LIVROS

Baggott, Jim. *The Quantum Story: A history in 40 moments.* – Oxford University Press, 2011.

Becker, Adam. *What Is Real?: The Unfinished Quest for the Meaning of Quantum Physics.* – Basic Books, 2018.

Bohr, Niels. *Atomic Physics and Human Knowledge.* – Dover Books on Physics, 2010.

Born, Max; Auger, Pierre; Schrödinger, Erwin; Heisenberg, Werner. *Problemas da Física Moderna.* Trad. Gita K. Guinsburg. – Editora Perspectiva, 2000.

Bricmont, Jean. *Making Sense of Quantum Mechanics* – Springer, 2016.

Bunge, Mario (editor). *Quantum Theory and Reality.* – Springer-Verlag, 1967.

DeWitt, Bryce S. e Graham, Neill (editores). *The Many-Worlds In terpretation of Quantum Mechanics.* Princeton University Press, 1973.

Einstein, Albert. *Out of My Later Years.* – Philosophical Library/Open Road, 2015.

Farmelo, Graham. *The Strangest Man: The Hidden Life of Paul Dirac, Mystic of the Atom.* – Basic Books, 2009.

Feynman, Richard P., Leighton, Robert B. and Sands, Matthew. *The Feynman Lectures on Physics*, vol 3. Basic Books, 2011.

Freire Jr., Olival; Pessoa Jr., Osvaldo, Bromberg, Joan Lisa (Organizadores). *Teoria quântica: estudos históricos e implicações culturais.* – EDUEPB/Livraria da Física, 2011.

Gamow, George. *Thirty Years That Shook Physics: The Story of Quantum Theory.* – Dover Publications, 1985.

Gribbin, John. *The Quantum Mystery.* – eBook Kindle, 2015.

Gribbin, John. *Six Impossible Things – The Mystery of the Quantum World.* – MIT Press, 2019.

Heisenberg, Werner. *Physics and Philosophy: The Revolution in Modern Science.* – Penguin Books, 1990

Isaacson, Walter. *Einstein: His Life and Universe.* – Simon & Schuster, 2008.

Kragh, Helge. *Dirac: A scientific Biography.* – Cambridge University Press, 1990.

Kragh, Helge. *Simply Dirac (Great Lives)* – Simply Charly, 2016.

Moore, Walter J. *A Life of Erwin Schrödinger.* – Cambridge University Press, 1994.

Nussenzveig, Moysés H. *Curso de Física Básica 4: Ótica, Relatividade, Física Quântica.* – Editora Edgard Blücher, 1998.

Pais, Abraham. *The Genius of Science: A portrait gallery of twentieth-century physicists.* – Oxford University Press, 2000.

Pais, Abraham. *Subtle is the Lord: The Science and the Life of Albert Einstein.* – Oxford Universit Press, 2005.

Planck, Max. *Autobiografia científica e outros ensaios.*

Org. César Benjamin; translation by Estela dos Santos Abreu. – Contraponto, 2012.

Piza, Antônio F. R. de Toledo. *Schrödinger & Heisenberg: A Física além do comum.* – Odysseus Editora, 2003.

Popper, Karl. *A Teoria dos Quanta e o Cisma na Física.* Translation by Nuno Ferreira da Fonseca. – Publicações Dom Quixote, 1992.

Popper, Karl. *The Logic of Scientific Discovery.* – Routledge, 2005.

Rosa, Pedro Sérgio. *Louis de Broglie e as ondas de matéria.* Dissertação (mestrado) – Universidade Estadual de Campinas, Instituto de Física Gleb Wataghin. Campinas, SP, 2004.

Serway, Raymond A., Moses, Clement J. and Moyer, Curt A. *Modern Physics* – Thomson Learning, 2005.

Smolin, Lee. *Einstein's Unfinished Revolution: The Search for What Lies Beyond the Quantum.* – Penguin Press, 2019.

ARTIGOS

Bohr, Niels. The Quantum Postulate and the Recent Development of Atomic Theory. *Nature,* 1928.

Bunge, Mario. Survey of the Interpretations of Quantum Mechanics. *American Journal of Physics,* 1956.

Bunge, Mario. Quantons are Quaint but Basic and Real, and the Quantum Theory Explains Much but not Everything: Reply to my Commentators. *Sciense & Education,* 2003.

Campbell, John. Ernest Rutherford and his path to the nuclear atom. *Australian Physics,* vol. 48, 2011.

Commins, Eugene D. Electron Spin and Its History. *An-*

nual Review of Nuclear and Particle Science, 2012

Hughes, J. Rutherford, Radioactivity and the Origins of Nuclear Physics. *Journal of Physics: Conference Series*, 2012.

Kallio-Tamminen, Tarja. The Copenhagen Interpretation of Quantum Mechanics and the Question of Causality. Infinity, Causality and Determinism – *Cosmological Enterprices and Their Preconditions* – Colloquim in Helsinki, 2000.

MacGregor, I. J. D. Ernest Rutherford his genius shaped our modern world. *Europhysics news*, 2011.

MacKinnon, Edward. Heisenberg, Models, and the Rise of Matrix Mechanics. *Historical Studies in the Physical Sciences*, Vol. 8, 1977.

Martens, H. The uncertainty principle. Eindhoven: Technische Universiteit Eindhoven, 1991.

Popper, Karl R. Quantum Mechanics without "The Observer". *Studies in the Foundations Methodology and Philosophy of Science*, vol. 2. Springer Verlag, 1967.

Robitaille, Pierre-Marie. Max Karl Ernst Ludwig Planck: (1858 –1947) *Progress In Physics*, 2007.

Singh, Rajinder. Max Planck and the genesis of the energy quanta in historical context. *Current science*, 2008.

Schleich, Wolfgang P., Greenberger, Daniel M., Kobe Donald and Scully, Marlan O. Schrödinger equation revisited. *Proceedings of the National Academy of Sciences of the United States of America*, 2013.

Trimmer, John. The Present Situation in Quantum Mechanics: A Translation of Schrödinger's "Cat Paradox"Paper. *Proceedings of the American Philosophical Society*, 1980.

www.ingramcontent.com/pod-product-compliance
Lightning Source LLC
Chambersburg PA
CBHW020601220526
45463CB00006B/2396